FORSCHUNGSBERICHTE DES LANDES NORDRHEIN-WESTFALEN

Nr. 1894

Herausgegeben im Auftrage des Ministerpräsidenten Heinz Kühn
von Staatssekretär Professor Dr. h. c. Dr. E. h. Leo Brandt

DK 621.355.2:629.113.066:620.169.1

Dr.-Ing. Hans-Werner Nowoczyn

im Auftrage von Prof. Dr.-Ing. habil. Eugen Flegler
Rogowski-Institut für Elektrotechnik
der Rhein.-Westf. Techn. Hochschule Aachen

Lebensdauerprüfungen an Kraftfahrzeugbatterien

WESTDEUTSCHER VERLAG · KÖLN UND OPLADEN 1967

ISBN 978-3-663-06368-1 ISBN 978-3-663-07281-2 (eBook)
DOI 10.1007/978-3-663-07281-2

Verlags-Nr. 011894

Gesamtherstellung: Westdeutscher Verlag

Inhalt

1. Vorbemerkung

Über die im Rogowski-Institut für Elektrotechnik durchgeführten Lebensdauerprüfungen an Starterbatterien ist bereits einmal berichtet worden [Flegler, E., und Stein, W. »Lebensdauerprüfungen an Kraftfahrzeugbatterien«, Elektrotechn. Zeitschrift B, Bd. 12 (1960), S. 244–249]. Diese Untersuchungen an Batterien eines bestimmten Herstellerwerkes hatten – kurz zusammengefaßt – das folgende Ergebnis:

1. Wegen der mit dem Alter zunehmenden Antimonvergiftung werden die Batterien in erster Linie durch die Ladung mit der Lichtmaschine zerstört.
2. Diese Zerstörung – sie stellt ein wichtiges Merkmal für das Verhalten eines Sammlers im Betrieb dar – ist bei Lebensdauerprüfungen im 24-Stunden-Zyklus nachweisbar, bei Abkürzung der Prüfzeit kann sie jedoch nicht sicher erkannt werden.
3. Mechanische Rüttelbeanspruchungen in Form von Schwingungen hatten bei den geprüften Batterien keinen erkennbaren Einfluß auf die Lebensdauer der Batterien. Untersuchungen an Batterien anderer Herstellerwerke sind seinerzeit nicht durchgeführt worden.

Von den damaligen Ergebnissen ausgehend, wurden die Untersuchungen fortgesetzt, um insbesondere noch mehr Unterlagen für die Beurteilung des Einflusses von mechanischen Rüttelbeanspruchungen zu gewinnen. In diesem Zusammenhang sollten einmal die Meßergebnisse für die bisher geprüften Batterien ergänzt, außerdem die Untersuchungen auf Batterien zweier weiterer Herstellerwerke ausgedehnt werden.
Im Verlaufe dieser Untersuchungen hat sich ergeben, daß es wegen der starken Streuungen in den Meßergebnissen außerordentlich schwierig ist, an Hand von vergleichenden Messungen sichere Aussagen über die Lebensdauer der Batterien bei den verschiedenen mechanischen Beanspruchungen zu machen. Sowohl sehr starke als auch geringe Unterschiede in der Lebensdauer sind oft nur durch Qualitätsunterschiede zwischen verschiedenen Lieferungen, auch desselben Herstellerwerkes, verursacht worden und haben nichts mit dem Einfluß der mechanischen Beanspruchungen zu tun. Dabei haben sich die Unterschiede zwischen den verschiedenen Lieferungen offensichtlich zum Teil in gleichem Sinne, zum anderen Teil im umgekehrten Sinne wie der Einfluß der mechanischen Beanspruchungen ausgewirkt. Hinzu kommt noch, daß die teilweise sehr unregelmäßigen Kurvenverläufe eine eindeutige Aussage zusätzlich erschweren. Auf diese Schwierigkeiten wird in Abschnitt 4 noch einmal eingegangen.

2. Prüfeinrichtung und Prüfungsarten

Die Anlage und die Art der Prüfungen entsprechen im wesentlichen den in der obengenannten Veröffentlichung bereits beschriebenen. Die Batterien – die Untersuchungen erstreckten sich nur auf Kraftfahrzeugbatterien mit einer Nennspannung von 6 V und einer Nennkapazität von 84 Ah – wurden frisch gefüllt und geladen vom Auslieferungslager bezogen. Nach kurzer Nachladung erfolgte eine Kapazitätsmessung (siehe unten), danach begann die eigentliche Lebensdauerprüfung. Aus dem schon erwähnten Grunde wurde der 24-Stunden-Zyklus gewählt: Die Batterien werden mit einem Ladegerät geladen, dessen Kennlinie durch einen Umbau der Kennlinie einer Lichtmaschine mit Regler nachgebildet worden war. Nach 12 Stunden Laden schaltet eine Uhr die Batterien auf Entladen um, und zwar erfolgt die Entladung über einen Widerstand von 1 Ohm. Außerdem werden alle 15 Minuten Hochstromentladungen von 5 Sekunden Dauer über einen Widerstand von 32 Milliohm eingeschoben, um die Belastung einer Batterie beim Starten des Motors nachzubilden. Nach Erreichen der Entladeschlußspannung wird die jeweilige Batterie von der Belastung abgeschaltet und bleibt dann in Ruhe, bis 12 Stunden nach Entladebeginn die Ladung wieder einsetzt.

Nach jeweils zehn Lade- und Entladezyklen wird eine Kapazitätsprüfung vorgenommen: Die Batterien werden mit konstantem Strom von $I = 0{,}05\,K_{20}$ A (die Nennkapazität K_{20} einer Batterie ist der auf der Grundlage einer 20stündigen Entladung festgelegte Zahlenwert in Ah [nach DIN 72311/7]) voll aufgeladen und anschließend mit dem gleichen Strom bis zum Erreichen der Entladeschlußspannung entladen. Die der Batterie entnommene Ladung wird mit einem Zähler gemessen. Nach Wiederaufladung beginnt der Zyklus wieder.

Als Wartung werden lediglich bei Bedarf die Zellen mit destilliertem Wasser aufgefüllt.

Für zehn Lade- und Entladezyklen werden einschließlich der nachfolgenden Kapazitätsprüfung 14 Tage benötigt. Bei einer durchschnittlichen Lebensdauer der Batterien von etwa 150 Zyklen dauert die Untersuchung von 12 Batterien, die in der vorhandenen Anlage gleichzeitig geprüft werden können, rd. 7 Monate. Eine Verkürzung der Prüfzeit ist aus den in der Vorbemerkung angegebenen Gründen nicht ratsam.

Bei der mechanischen Beanspruchung sind drei verschiedene Fälle zu unterscheiden:

1. Die Batterien ruhen.
2. Die Batterien werden mechanischen Schwingungen mit einer höchsten Beschleunigung von 2 g (also von rd. 20 m/s^2) unterworfen, und zwar erfolgt dieses Rütteln entweder

2.1 nur während des Zyklus (2 g Zyklus) oder

2.2 im Verlaufe der gesamten Prüfzeit, also auch während der Kapazitätsprüfung (2 g dauernd).

Wegen der starken Streuungen, auf die noch eingegangen wird, wurden alle Messungen mehrmals durchgeführt.

3. Ergebnisse einer vergleichenden Prüfung von Batterien dreier Herstellerwerke und verschiedener Herstellungsreihen

Die drei Herstellerwerke werden bei den folgenden Ausführungen mit A, B und C bezeichnet.

In allen Abbildungen (1–17) ist der Verlauf der Kapazität in Prozent des Nennwertes über der Anzahl der Lade- und Entladezyklen aufgetragen. Einmalige, starke Kapazitätsverminderungen, die gelegentlich vorkommen und vermutlich durch vorübergehende Kurzschlüsse zwischen den Platten verursacht werden, sind der Übersichtlichkeit halber bei der Darstellung der Einzelmessungen unberücksichtigt geblieben.

In den Abb. 1–9 sind für jedes Fabrikat die Einzelmessungen bei der jeweiligen mechanischen Beanspruchung aufgetragen. Man sieht sofort, mit welchen Schwierigkeiten derartige Untersuchungen verbunden sind: Die Meßergebnisse weichen bei den einzelnen Batterien des gleichen Herstellers und unter den gleichen Prüfbedingungen außerordentlich voneinander ab und zeigen oft einen unregelmäßigen Kurvenverlauf. Diese Streuungen sind bei den verschiedenen Fabrikaten unterschiedlich, bei dem Fabrikat B stimmen die Meßergebnisse verhältnismäßig gut überein (Abb. 4–6), während bei dem Fabrikat A und vor allem bei dem Fabrikat C die Lebensdauer der einzelnen Batterien unter den gleichen mechanischen Beanspruchungen sehr verschieden sein kann (Abb. 1 bis 3 und 7–9). Zu Beginn der Prüfung weichen die gemessenen Kapazitäten nur selten um mehr als $\pm 10\%$ K_{20} vom Nennwert ab, erst im weiteren Verlauf der Untersuchungen treten stärkere Streuungen auf, die meistens mit zunehmendem Alter der Batterien größer werden. Die Vermutung, daß diese Streuungen von der mechanischen Beanspruchung der Batterien beeinflußt werden, konnte jedoch durch die Messungen nicht sicher bestätigt werden. Um aber festzustellen, ob diese später auftretenden Qualitätsunterschiede von der jeweiligen Lieferung abhängen, wurden im allgemeinen gleiche Messungen in verschiedenen Jahren durchgeführt. Man kann nun die Batterien eines Herstellers, unabhängig von der mechanischen Beanspruchung, in drei Gruppen einteilen, nämlich in solche mit langer, mit mittlerer und mit geringer Lebensdauer. Die Ergebnisse sind in nachfolgender Übersicht zusammengestellt:

Lieferung	Anzahl der Batterien mit folgender Lebensdauer:		
	lang	mittel	gering
Fabrikat A			
Juni 1960	–	–	4
Januar 1961	9	–	3
September 1961	6	–	–
Fabrikat C			
Juni 1959	–	2	–
Juni 1960	3	–	1
September 1961	–	3	–
Juli 1961	1	2	–
Oktober 1963	–	1	7*
Mai 1964	2	5	5

* Davon eine mit nur 37% des Nennwertes als Anfangskapazität.

Aus dieser Übersicht erkennt man, daß es einmal besonders gute und besonders schlechte Lieferungen gibt (z. B. schlecht: Juni 1960 und gut: September 1961 bei Fabrikat A sowie schlecht: Oktober 1963 bei Fabrikat C). Weiter hat man Lieferungen, die aus guten und schlechten Batterien bestehen (z. B. Januar 1961 bei Fabrikat A und Juni 1960 bei Fabrikat C). Hier ist zu vermuten, daß während einer Prüfung Batterien aus zwei verschiedenen Herstellungsreihen untersucht wurden. Schließlich gibt es auch noch Lieferungen, in denen gute, mittlere und schlechte Batterien vorkommen, die also vielleicht einen repräsentativen Querschnitt darstellen und dann den besten Überblick über die Lebensdauer eines Fabrikats bei der jeweiligen mechanischen Beanspruchung vermitteln, wohingegen nur gute oder nur schlechte Lieferungen bei vergleichenden Messungen das Bild sehr verfälschen können.

Bei allen ruhenden Batterien des Herstellers B mußten die Untersuchungen vorzeitig abgebrochen werden (Abb. 4), weil die Batterien sich so stark erwärmten, daß die Vergußmasse weich wurde. Bei den gerüttelten Batterien des gleichen Fabrikats trat diese Erscheinung nicht auf. Es handelt sich hier also offensichtlich um Brückenbildungen, die durch das Rütteln verhindert oder aber immer wieder beseitigt werden. Auch bei zwei von acht ruhenden Batterien des Herstellers A mußte die Prüfung trotz der hohen Kapazitäten wegen zu starker Erwärmung vorzeitig beendet werden (Nr. 2 und 3 in Abb. 1).

Um die Lebensdauer der drei Fabrikate bei den verschiedenen mechanischen Beanspruchungen zu vergleichen, wurden aus den Einzelmessungen die Mittelwerte gebildet, die in den Abb. 10–15 dargestellt sind. Diese Mittelwerte sind jedoch kein unbedingtes Maß für die Qualität des jeweiligen Fabrikats, da die Streuungen hieraus nicht erkennbar sind. Für die richtige Beurteilung des Betriebsverhaltens der Fabrikate ist die Betrachtung nicht nur des Mittelwertes, sondern auch der Einzelmessungen unerläßlich.

Wie Abb. 10 zeigt, scheint sich bei Fabrikat A ein Einfluß des Rüttelns auf die Lebensdauer der Batterie abzuzeichnen, der Mittelwert der Kapazität bei den im Zyklus gerüttelten Batterien verläuft nach mehr als 60 Zyklen unter dem der ruhenden Batterien, doch weisen die Einzelmessungen hier auch sehr starke Streuungen auf (Abb. 2), während die Streuungen bei den ruhenden Batterien verhältnismäßig gering sind (Abb. 1). Die Mittelwerte für die dauernd gerüttelten Batterien, also bei der größeren mechanischen Beanspruchung, liegen erstaunlicherweise oberhalb der beiden anderen, doch wurde eine Erklärung dafür schon oben angedeutet: Die Messungen an den ruhenden und an den im Zyklus gerüttelten Batterien stammen aus mehreren Prüfzeiten, während bei den dauernd gerüttelten Batterien Messungen an nur einer Lieferung vorgenommen worden waren. Diese Lieferung zeigt, verglichen mit allen anderen Batterien des gleichen Herstellers, bei geringen Streuungen eine hohe Lebensdauer, die möglicherweise die Folge von Verbesserungen ist, da die Messungen an den ruhenden und an den im Zyklus gerüttelten Batterien schon aus den Jahren 1960/61 stammen, während die dauernd gerüttelten Batterien erst 1961/62 geprüft wurden.

Ähnliche Überlegungen gelten für das Fabrikat B (Abb. 11). Hier genügten weniger Messungen, da die Streuungen gering waren. Die verhältnismäßig guten Ergebnisse bei den dauernd gerüttelten Batterien lassen auch hier auf eine Verbesserung des Fabrikats schließen. Diese Messungen stammen aus der Zeit 1962/63, während die Untersuchungen der ruhenden und den im Zyklus gerüttelten Batterien in den Jahren 1959–1962 durchgeführt wurden. Vergleicht man jedoch die ruhenden Batterien mit den im Zyklus gerüttelten Batterien, so zeigen sowohl die Einzelmessungen (Abb. 4 und 5) als auch die Mittelwerte (Abb. 11), daß durch das Rütteln die Lebensdauer der Batterie deutlich verkürzt wird.

Besonders eindeutig sind die Ergebnisse für das Fabrikat C. Für jede der drei mechanischen Beanspruchungen wurden die Messungen an mehreren Lieferungen durchgeführt (Abb. 7–9), so daß die Mittelwerte (Abb. 12) ziemlich sichere Aussagen über das Verhalten der Batterien im Betrieb zulassen. Während der Unterschied in der Lebensdauer zwischen den ruhenden und den im Zyklus gerüttelten Batterien gering ist, so zeigt sich der zerstörende Einfluß durch dauerndes Rütteln sehr deutlich. Die Batterien besitzen nach 40 Lade- und Entladezyklen im Mittel nur noch 55% ihrer Nennkapazität! Zieht man dazu noch die bei diesem Fabrikat stark auftretenden Streuungen in Betracht, so kann durchaus der Fall eintreten, daß die Batterie bei dauerndem Rütteln schon nach etwa 25 Zyklen die 40-Prozent-Grenze (nach DIN 72311/7) erreicht, also unbrauchbar ist. Der Kapazitätsabfall tritt hier fast unmittelbar nach Beginn der Prüfung ein. Die Zerstörung der Batterie geht also so schnell vonstatten, daß es gar nicht erst zu dem für die Antimonvergiftung charakteristischen Kapazitätsverlauf kommt, der darin besteht, daß die Kapazität zunächst sehr wenig, im weiteren Verlauf der Prüfung aber sehr stark abnimmt.

Vergleicht man nun bei jeweils derselben mechanischen Beanspruchung die einzelnen Fabrikate untereinander, so kommt man zu folgenden Ergebnissen:

Bei ruhendem Betrieb (Abb. 13) zeigen sich die Fabrikate A und B etwa gleichwertig, wobei allerdings bei dem Fabrikat B die Lebensdauer durch die Erwärmung begrenzt wird. Der Kapazitätsabfall bei den Batterien des Herstellers C erfolgt wesentlich früher. Werden die Batterien jedoch im Zyklus gerüttelt (Abb. 14), so zeigen sich auch bei den Batterien des Fabrikats A und B Unterschiede in der Lebensdauer, der Mittelwert der Kapazität bei den Batterien des Herstellers A liegt nach etwa 50 Zyklen trotz der ziemlich starken Streuungen in den Einzelmessungen deutlich über dem des Fabrikats B. Die Ergebnisse für die Batterien des Herstellers C sind auch hier weitaus am schlechtesten. Ein Vergleich der dauernd gerüttelten Batterien läßt wegen der obengenannten Gründe keine genaue Aussage zu.

Um zu einem übersichtlichen Vergleich zu kommen, werden einige Merkmale herausgegriffen und in einer Tabelle zusammengestellt (siehe S. 10).

Wie schon gesagt, kann die Lebensdauer der Batterien von einer zur anderen, aber auch innerhalb einer Lieferung, unabhängig von der mechanischen Beanspruchung, sehr verschieden sein. Da jedoch diese Streuungen in den gemessenen Kapazitäten zu Beginn gering sind und erst im weiteren Verlauf der Lebensdauerprüfung zunehmen, können derartige Qualitätsunterschiede bei den die Fertigung abschließenden Endprüfungen im Herstellerwerk auch nicht erfaßt werden. Um nun zu untersuchen, wodurch diese später auftretenden Streuungen verursacht werden könnten, wurden noch folgende Versuche angestellt: Sechs frisch gefüllt und geladen bezogene Batterien des Herstellers A wurden nach Messung der Kapazität und anschließender Wiederaufladung geöffnet, die Platten mit den Zellenverbindern herausgenommen und die Säure entfernt. Aus vorhergehenden Lebensdauerprüfungen standen unbrauchbare Batterien des gleichen Fabrikats zur Verfügung, die geladen wurden. Ihre gefilterte Säure (spez. Dichte $= 1{,}12$ g/cm^3) und der Schlamm wurden wie folgt in je zwei der geöffneten Batterien eingefüllt:

a) Schlamm bis etwa 0,5 cm unter der Oberkante der Stege und alte Säure,
b) Schlamm wie vor, jedoch mit Originalsäure,
c) alte Säure, jedoch ohne Schlamm.

Nach Wiedereinsetzen der Platten und Abdichten mit Vergußmasse wurden die Batterien dann der beschriebenen Lebensdauerprüfung ohne mechanische Beanspruchung unterworfen. Die dabei auftretenden Streuungen entsprachen ungefähr denen von Abb. 1, auch die Lebensdauer änderte sich nicht. Anders verhielt es sich jedoch, wenn man die Batterien nicht öffnete, sondern das Umfüllen durch den Stutzen vornahm. Dabei wurde die gleiche Menge Schlamm wie oben vor dem Einfüllen gut mit der Säure vermischt, damit sich auf den Oberkanten der Platten nichts ablagern konnte. Bei der nachfolgenden Lebensdauerprüfung zeigte sich, daß die Streuungen und der Kapazitätsverlauf der mit alter Säure, aber ohne Schlamm gefüllten Batterien normal waren, während die mit Schlamm gefüllten Batterien unabhängig von der Art der Säure schon unmittelbar nach Beginn der Prüfung wesentlich stärkere Streuungen zeigten und auch sehr schnell an Kapazität verloren. Die Lebensdauer einer Batterie ist also zunächst, unabhängig von der mechanischen Beanspruchung, in weiten Grenzen nicht durch die Säureverarmung bestimmt. Viel entscheidender für die Verkürzung der Lebensdauer und die dabei auftretenden Streuungen ist der Verlust an aktiver Masse und der noch im Elektrolyten schwebende Schlamm, während durch die am Boden liegende Masse das Verhalten der

	Fabrikat A			Fabrikat B			Fabrikat C		
	ruhend	2 g Zyklus	2 g dauernd	ruhend	2 g Zyklus	2 g dauernd	ruhend	2 g Zyklus	2 g dauernd
Anzahl der geprüften Sammler	8	8	6	6	3	3	14	9	15
Anfangskapazität in Prozent der Nennkapazität	90	bis	103	95	bis	107	37	bis	113
Kapazität in Prozent der Nennkapazität nach z. B. 80 Zyklen	66 bis 99	43 bis 102	90 bis 105	76 bis 88	65 bis 80	87 bis 102	0 bis 103	ca. 10 bis 97	0 bis 72
Erreichen der 40-Prozent-Grenze nach DIN 72311/7 bei Zyklenzahl etwa	120 bis 160	80 bis 160	120 bis 160	–	100 bis 110	130 bis 150	25 bis 160	40 bis 140	30 bis 110
Mittlere Lebensdauer nach DIN 72311/7 etwa	150 Zyklen	130 Zyklen	155 Zyklen	–	100 Zyklen	140 Zyklen	80 Zyklen	70 Zyklen	60 Zyklen

Batterien nicht beeinflußt wird. Die Messungen an Fabrikat C zeigen das ebenfalls sehr deutlich: Geringe Lebensdauer, also vermutlich starke Ausschlammung, ist mit großen Streuungen verbunden. Es besteht die Möglichkeit, daß Schlammpartikel, noch bevor sie zu Boden gesunken sind, zu den Platten hinwandern und dort die Poren zusetzen oder aber geringfügige Brückenbildungen ermöglichen. Dadurch treten Kapazitätsverminderung ein, die sich im Laufe der Prüfung verstärken oder aber auch wieder verlieren können.

4. Zusammenfassung der Prüfergebnisse nach Abschnitt 3

Das hier beschriebene Verfahren zur Prüfung der Lebensdauer von Starterbatterien wurde so aufgebaut, daß es den wirklichen Belastungen der Batterien weitgehend entspricht: Ladung mit einer Lichtmaschine, in die Entladung eingeschobene Hochstrombelastungen und Rütteln der Batterien während der Prüfzeit. Um bei diesem Verfahren sichere Aussagen über die Lebensdauer der Batterien machen zu können, müssen die Messungen unter gleichen Bedingungen und möglichst an verschiedenen Lieferungen mehrfach durchgeführt werden, da teilweise sehr große Streuungen auftreten. Diese sind anfangs verhältnismäßig gering und werden erst im Laufe der Prüfung größer, so daß sie bei den im Herstellerwerk üblichen Prüfungen nicht erfaßt werden können. Der mechanischen Beanspruchung der Starterbatterie im Kraftfahrzeug sollte mehr Beachtung geschenkt werden, denn es hat sich eindeutig herausgestellt, daß das Rütteln die Lebensdauer der Batterien merklich verkürzen kann. Die in DIN 72311/7 geforderte Lebensdauer von 250 Zyklen wurde bei dem hier angewendeten Prüfverfahren von keiner Batterie erreicht, sie betrug im günstigsten Fall etwa 180 Lade- und Entladezyklen, wie bei den früheren Untersuchungen (vgl. die auf S. 5 angegebene Veröffentlichung), im ungünstigsten Fall nur 25 Zyklen.

5. Ergebnisse der zusätzlichen Prüfung von Batterien, die alle aus derselben Herstellungsreihe stammen

In den Ausführungen des Abschnittes 3 wurde dargelegt, daß eine sichere Aussage über den Einfluß der mechanischen Beanspruchung einer Starterbatterie auf ihre Lebensdauer nur schwer zu machen war, weil die Streuungen in den Meßergebnissen sehr groß waren. Es wurde weiter die Vermutung ausgesprochen, daß diese Streuungen mindestens zum Teil auch dadurch entstanden sein konnten, daß die Batterien zwar vom gleichen Hersteller, aber aus verschiedenen Herstellungsreihen stammten. Um den letztgenannten Einfluß auszuschalten, wurde noch eine weitere ergänzende Prüfung durchgeführt.

Vom Hersteller des Fabrikates A wurden freundlicherweise 12 Starterbatterien zur Verfügung gestellt. Sie besaßen die gleichen technischen Daten wie die vorher geprüften, entstammten jedoch im Gegensatz zu diesen mit Sicherheit derselben Herstellungsreihe. Diese 12 Batterien wurden nach dem in Abschnitt 2 beschriebenen Verfahren geprüft, und zwar sechs Batterien ruhend und sechs dauernd gerüttelt. Die Ergebnisse dieser Untersuchungen sind in den Abb. 16 und 17 dargestellt.

Wie man sieht, sind die Streuungen wesentlich geringer (vgl. die Abb. 16 mit 1 sowie 17 mit 3). Die Anfangskapazitäten liegen zwischen 94 und 96,5% der Nennkapazität, während die vorher geprüften Batterien Anfangskapazitäten zwischen 90–103% der Nennkapazität aufwiesen (siehe Tabelle, S. 10). Bei den ruhenden Batterien werden diese Streuungen bis zum 50. Zyklus nur unwesentlich größer, von da an macht sich eine Auffächerung der Kurven bemerkbar. Allerdings liegen die Streuungen nach 80 Zyklen nur zwischen 84,5 und 91,5% K_{20}, während die früher geprüften Batterien eine Streubreite von 66 bis 99% K_{20} aufwiesen. Bei den gerüttelten Batterien nehmen die Streuungen rasch zu, und man erhält nach 80 Zyklen Ergebnisse, die zwischen 84 und 98% der Nennkapazität liegen. Diese Streuungen stimmen mit den früher ermittelten etwa überein.

Die 40-Prozent-Grenze wird bei den ruhenden Batterien zwischen 154 und 170 Zyklen, bei den gerüttelten zwischen 106 und 148 Zyklen erreicht. Vergleiche mit der Tabelle auf S. 10 zeigen, daß die Streuungen bei den ruhenden Batterien wesentlich kleiner geworden sind. Die Lebensdauer beträgt im Mittel 164 Zyklen bei den ruhenden und 127 Zyklen bei den gerüttelten Batterien.

6. Zusammenfassung

Da die Anzahl der geprüften Batterien bei den Messungen nach Abschnitt 3 und bei den Ergänzungsprüfungen nach Abschnitt 5 für die jeweilige mechanische Beanspruchung etwa gleich war, können beide Ergebnisse gut miteinander verglichen werden. Es zeigt sich, daß die Streuungen der Meßergebnisse teilweise sehr stark durch die gleichzeitige Messung an Batterien verschiedener Lieferungen und damit verschiedener Herstellungsreihen bedingt sind. Schaltet man diesen Einfluß aus, indem man nur Batterien einer Herstellungsreihe prüft, so ergibt sich, daß die ruhenden Batterien sich im Verlauf der Prüfung etwa gleich verhalten, die gerüttelten dagegen zeigen bald unterschiedliche Ergebnisse, sowohl bessere als auch schlechtere, verglichen mit den ruhenden Batterien. Um etwaige Unterschiede zwischen den Vergleichsbatterien eindeutig ermitteln zu können, scheint es außerdem zweckmäßig zu sein, die Prüfung auf mindestens 100 bis zu 180 Zyklen auszudehnen (soweit die Batterien dieser Belastung gewachsen sind). Im Rahmen derartiger Messungen hat sich bei Vergleichsbatterien, die alle aus derselben Herstellungsreihe stammten, ergeben, daß die ruhenden Batterien einen Abfall der Kapazität auf 40% (Grenze nach DIN 72311, Bl. 7) nach – im Mittel – 164 Zyklen bei einer Streuung von rd. $\pm 5\%$ erreichen, die mechanisch beanspruchten jedoch bereits nach – im Mittel – 127 Zyklen (Abnahme 22,5% gegenüber der Zyklenzahl der ruhenden Batterien) und bei der merklich höheren Streuung von rd. $\pm 17\%$.

7. Abbildungen

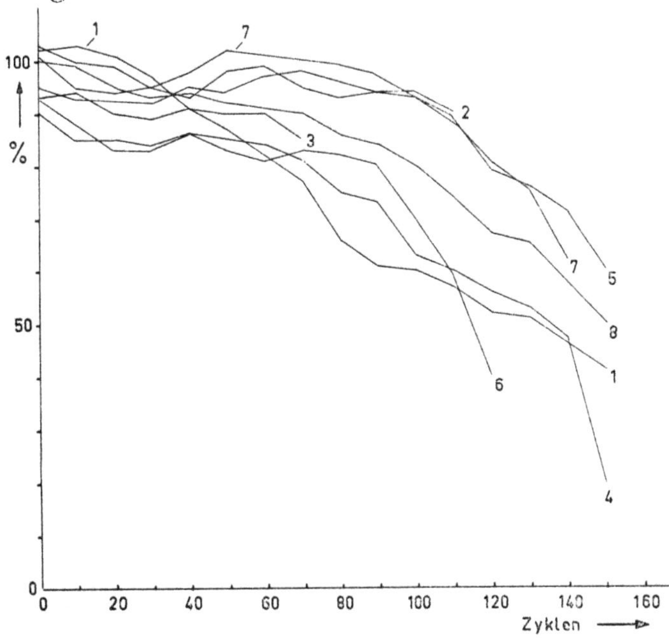

Abb. 1 Verlauf der Kapazität, angegeben in Prozent der Nennkapazität, Fabrikat A (ruhend)
Lieferungen:
1 und 2: Juni 1960
3 bis 8: Januar 1961

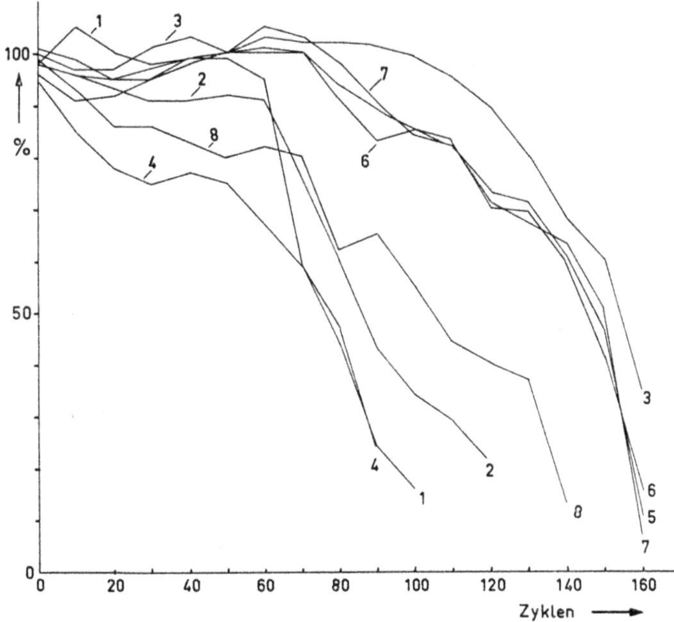

Abb. 2 Verlauf der Kapazität, angegeben in Prozent der Nennkapazität, Fabrikat A (2 g Zyklus)
Lieferungen:
1 und 2: Juni 1960
3 bis 8: Januar 1961

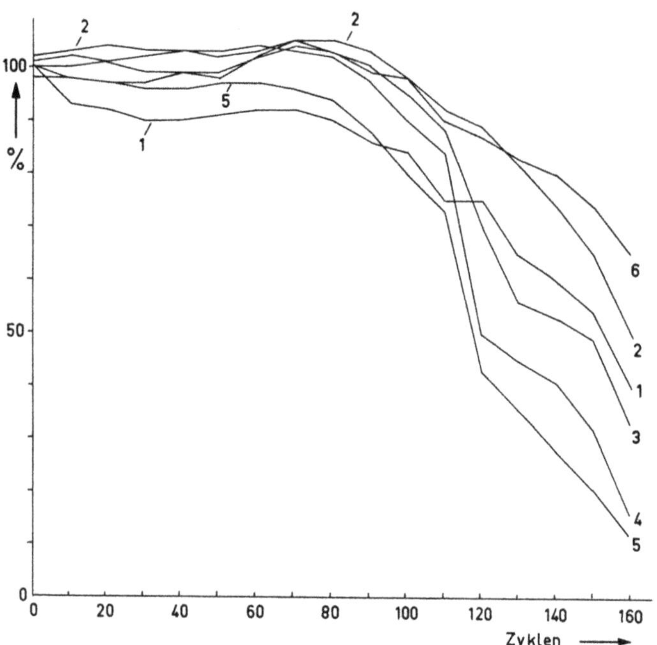

Abb. 3 Verlauf der Kapazität, angegeben in Prozent der Nennkapazität, Fabrikat A (2 g dauernd)
Lieferung:
1 bis 6: September 1961

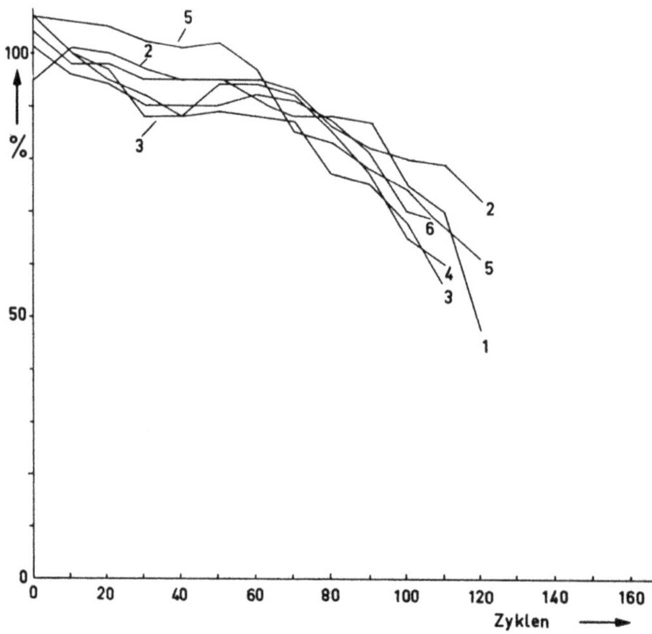

Abb. 4 Verlauf der Kapazität, angegeben in Prozent der Nennkapazität, Fabrikat B (ruhend)
Lieferungen:
1: Juni 1959
2 und 3: Juni 1961
4 bis 6: September 1961

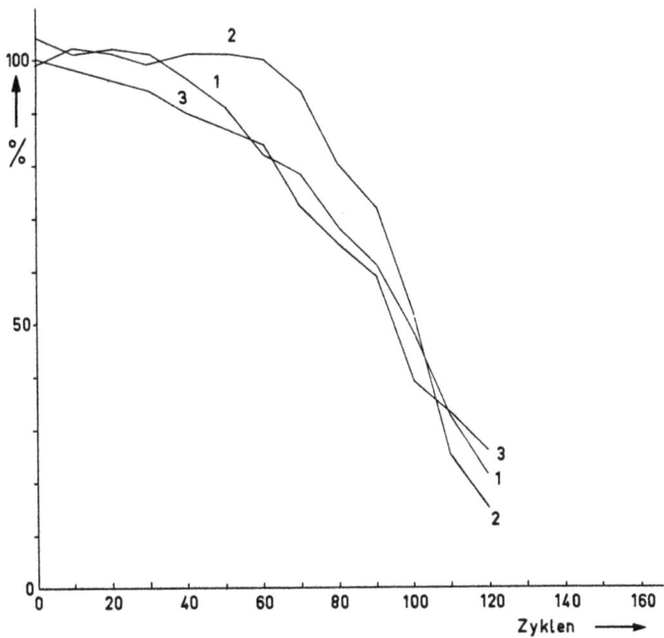

Abb. 5 Verlauf der Kapazität, angegeben in Prozent der Nennkapazität, Fabrikat B (2 g Zyklus)
Lieferungen:
1: Juni 1959
2 und 3: Juni 1960

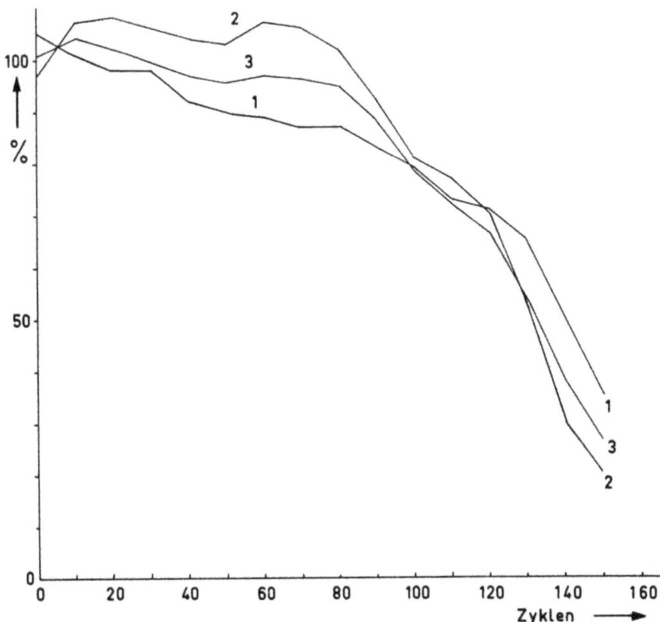

Abb. 6 Verlauf der Kapazität, angegeben in Prozent der Nennkapazität, Fabrikat B (2 g dauernd)
Lieferung:
1 bis 3: Juli 1962

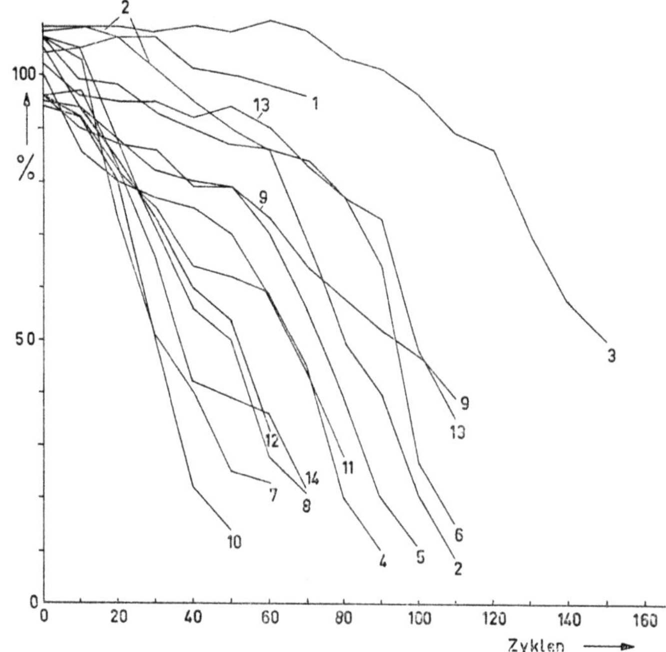

Abb. 7 Verlauf der Kapazität, angegeben in Prozent der Nennkapazität, Fabrikat C (ruhend)
Lieferungen:
1: Juni 1959
2 und 3: Juni 1960
4 bis 6: September 1961
7 und 8: Oktober 1963
9 bis 14: Mai 1964
Bemerkung:
Nr. 1 ab Zyklus 50 defekt
Nr. 10 und 12 ab Zyklus 40 gerüttelt mit 2 g dauernd

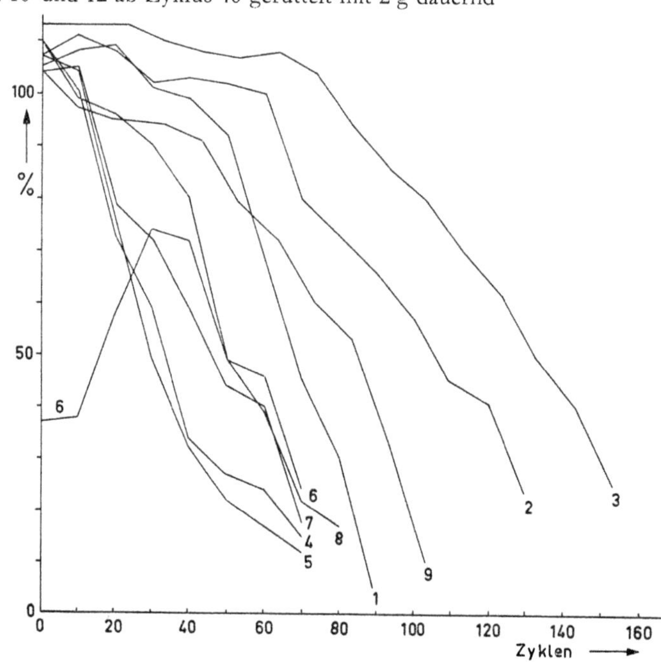

Abb. 8 Verlauf der Kapazität, angegeben in Prozent der Nennkapazität, Fabrikat C (2 g Zyklus)
Lieferungen:
1: Juni 1959
2 und 3: Juni 1960
4 bis 9: Oktober 1963

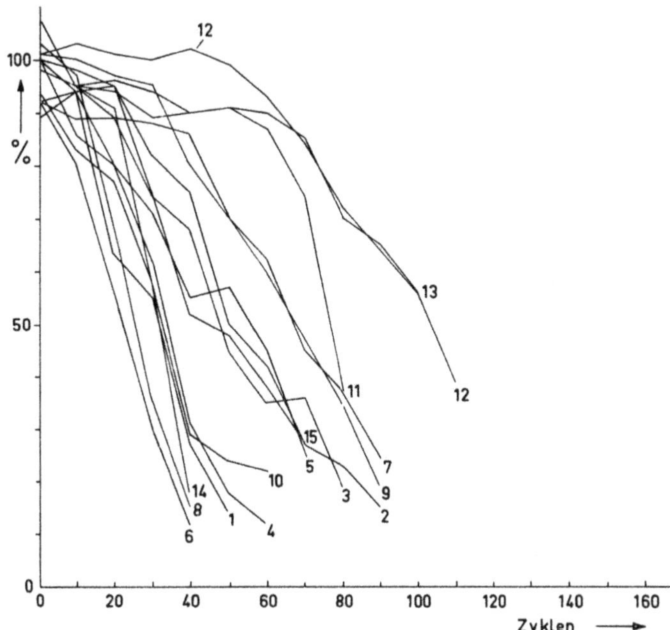

Abb. 9 Verlauf der Kapazität, angegeben in Prozent der Nennkapazität, Fabrikat C (2 g dauernd)
Lieferungen:
1 bis 3: Juli 1962
4 bis 9: März 1963
10 bis 15: Mai 1964
Bemerkung:
Nr. 14 und 15 ab Zyklus 40 ruhend

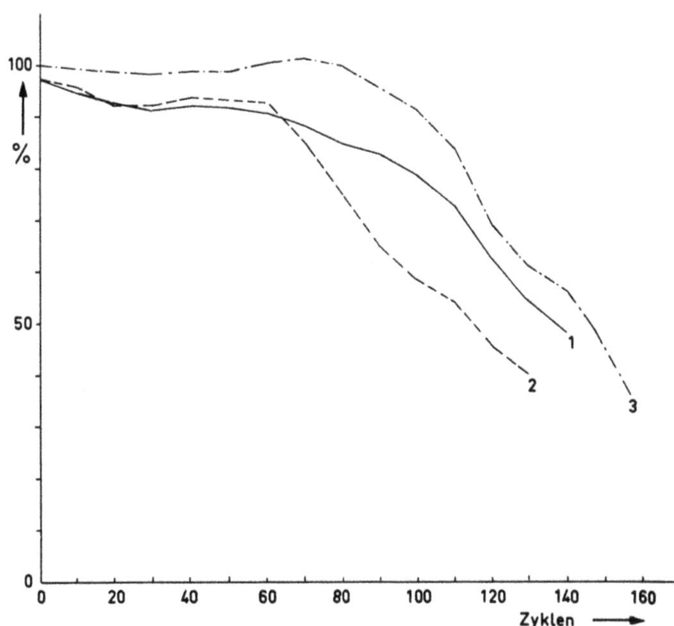

Abb. 10 Verlauf der Kapazität, angegeben in Prozent der Nennkapazität, Fabrikat A (Mittelwerte)
1: ruhend
2: 2 g Zyklus
3: 2 g dauernd

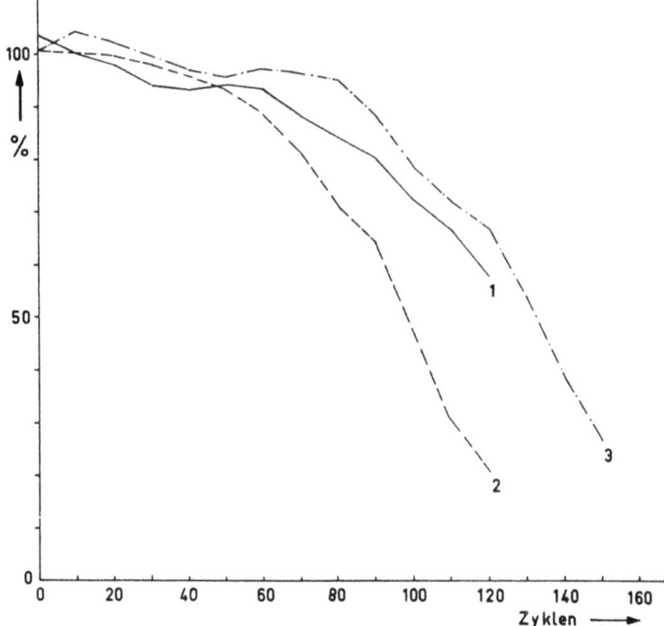

Abb. 11 Verlauf der Kapazität, angegeben in Prozent der Nennkapazität, Fabrikat B (Mittelwerte)
1: ruhend
2: 2 g Zyklus
3: 2 g dauernd

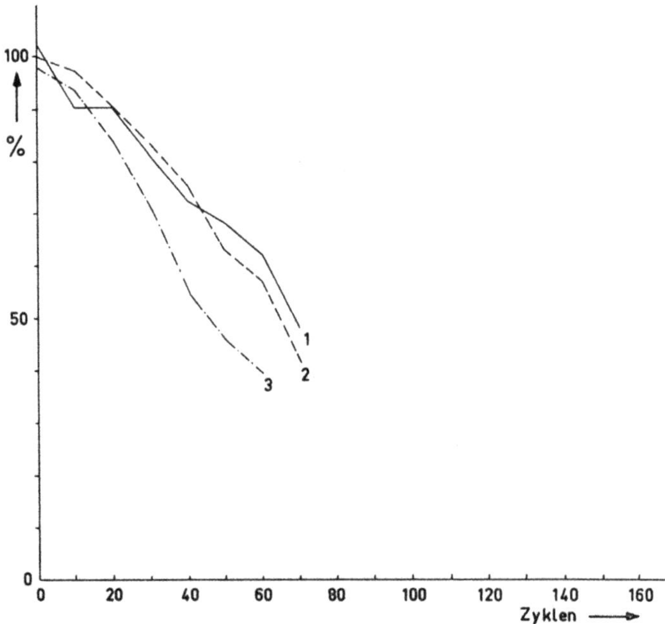

Abb. 12 Verlauf der Kapazität, angegeben in Prozent der Nennkapazität, Fabrikat C (Mittelwerte)
1: ruhend
2: 2 g Zyklus
3: 2 g dauernd

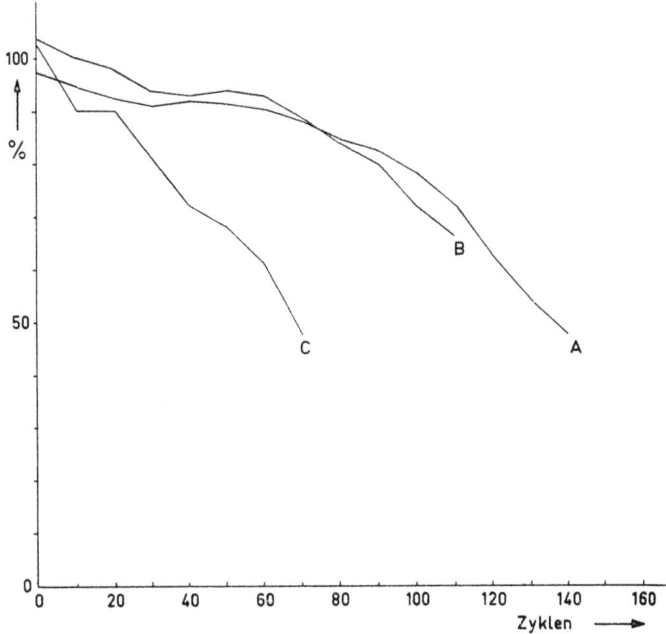

Abb. 13 Verlauf der Kapazität, angegeben in Prozent der Nennkapazität, Mittelwerte der drei Fabrikate (ruhend)

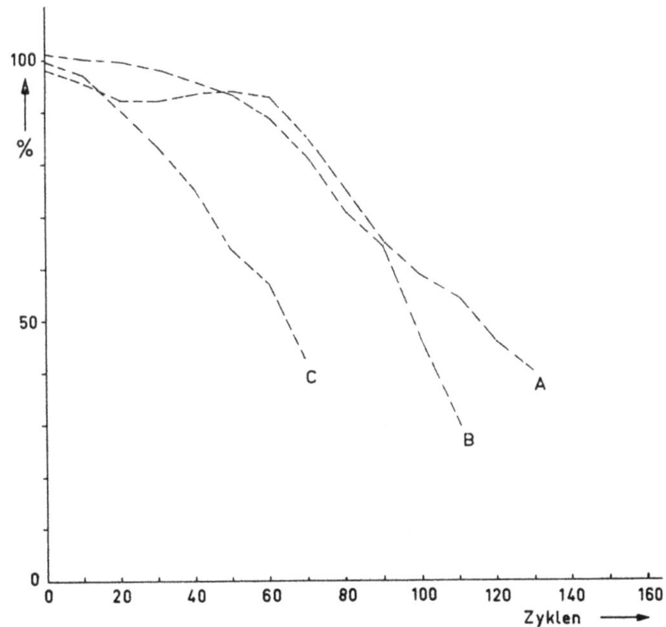

Abb. 14 Verlauf der Kapazität, angegeben in Prozent der Nennkapazität, Mittelwerte der drei Fabrikate (2 g Zyklus)

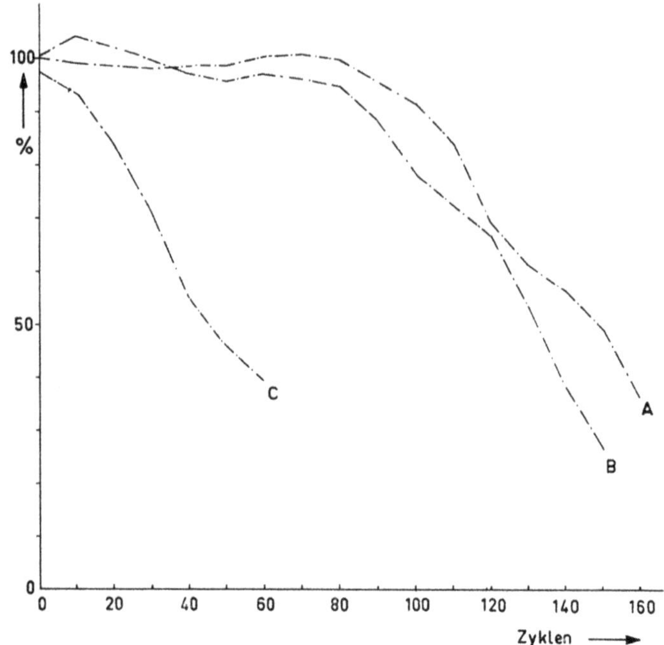

Abb. 15 Verlauf der Kapazität, angegeben in Prozent der Nennkapazität, Mittelwerte der drei Fabrikate (2 g dauernd)

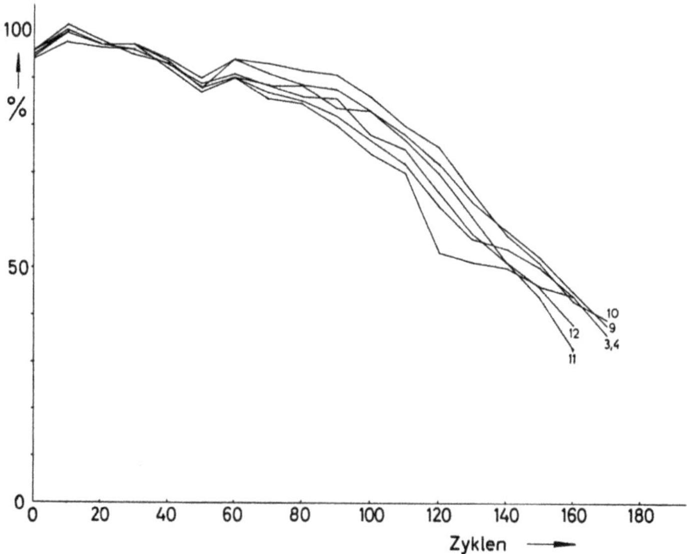

Abb. 16 Verlauf der Kapazität, angegeben in Prozent der Nennkapazität, Fabrikat A (ruhend)
Lieferung:
März 1966, alle Batterien aus der gleichen Reihe

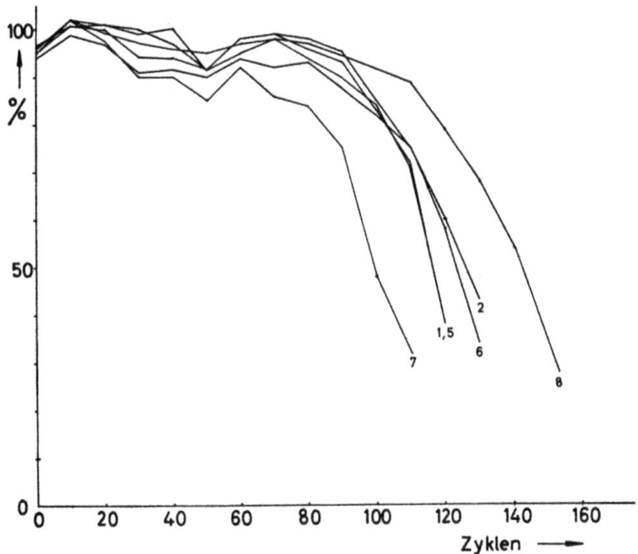

Abb. 17 Verlauf der Kapazität, angegeben in Prozent der Nennkapazität, Fabrikat A (2 g dauernd)
Lieferung:
März 1966, alle Batterien aus der gleichen Reihe

GPSR Compliance
The European Union's (EU) General Product Safety Regulation (GPSR) is a set of rules that requires consumer products to be safe and our obligations to ensure this.

If you have any concerns about our products, you can contact us on

ProductSafety@springernature.com

In case Publisher is established outside the EU, the EU authorized representative is:

Springer Nature Customer Service Center GmbH
Europaplatz 3
69115 Heidelberg, Germany

www.ingramcontent.com/pod-product-compliance
Ingram Content Group UK Ltd.
Pitfield, Milton Keynes, MK11 3LW, UK
UKHW061701190726
13853UKWH00008B/2334

* 9 7 8 3 6 6 3 0 6 3 6 8 1 *